1 1 1

1

1

2 2 2

2

2

3 3 3

3

3

2 Die Zahlen von 1 bis 5

4 4 4

4

4

5 5 5

5

5

1 2 1 2

2 3 2 2

3 4 3 4

4 5 4 5

1 2 3 4 5 1

?
kükük

3

4

5

6 6 6

6

6

7 7 7

7

7

8 8 8

8

8

Die Zahlen von 1 bis 10

9 9 9

9

9

10 10 10

10

10

6 7

8 9

0 10

1 2 3 4 5 6 7 8 9 10

❶

4

5

6

❷

4

5

6

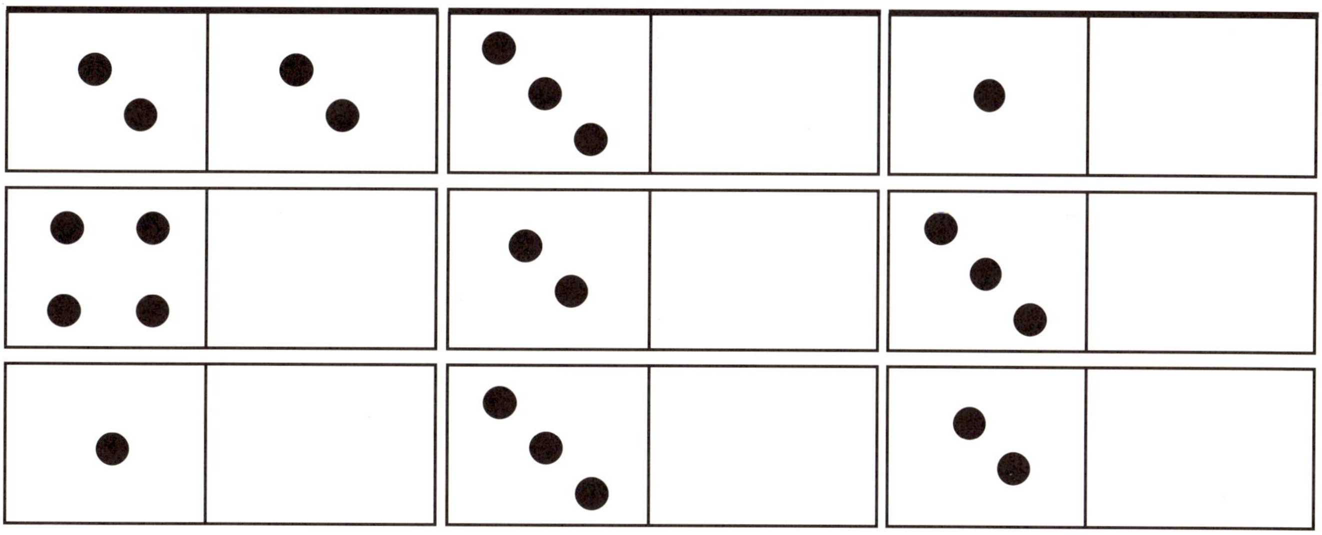

❸

4	2	2	1		3	
5	4		3		2	
6	5		2		1	

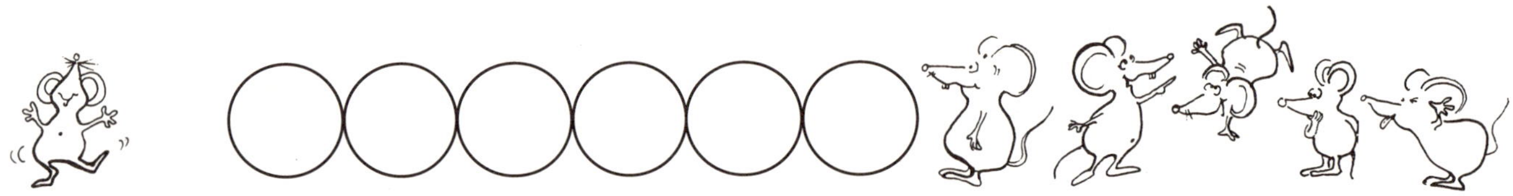

❶

4		5		6		5		4		6	
3		4		4			3		1		2
2		2		5			1		3		1
1		3		3			2		2		5

❷

4 = 3 + ☐	3 = 1 + ☐	6 = 5 + ☐
5 = 3 + ☐	5 = 4 + ☐	6 = 3 + ☐
3 = 2 + ☐	6 = 2 + ☐	5 = 1 + ☐
6 = 4 + ☐	4 = 1 + ☐	6 = 4 + ☐
4 = 2 + ☐	5 = 2 + ☐	6 = 1 + ☐

❸

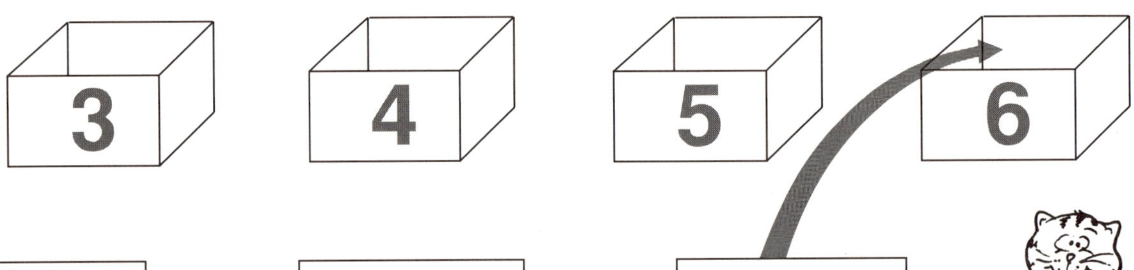

1 + 3 4 + 1 4 + 2

3 + 3 3 + 1 2 + 3

3 + 2 2 + 1 5 + 1 2 + 2

❶

3 + 2 = ☐ 5 + 1 = ☐ 3 + 3 = ☐

4 + 1 = ☐ 1 + 2 = ☐ 4 + 2 = ☐

2 + 2 = ☐ 2 + 3 = ☐ 3 + 1 = ☐

❷ 1 + 1 = ☐	1 + 0 = ☐	1 + 3 = ☐
2 + 1 = ☐	2 + 0 = ☐	2 + 1 = ☐
3 + 1 = ☐	3 + 0 = ☐	4 + 2 = ☐
4 + 1 = ☐	4 + 0 = ☐	3 + 2 = ☐
5 + 1 = ☐	5 + 0 = ☐	1 + 4 = ☐

❸ ❹ ❺

❶

$3 - 2 = \square$

$4 - 1 = \square$

$5 - 3 = \square$

$2 - 1 = \square$

$4 - 3 = \square$

$6 - 4 = \square$

$5 - 3 = \square$

$4 - 2 = \square$

$3 - 3 = \square$

❷

$5 - 1 = \square$	$3 - 0 = \square$	$6 - 2 = \square$
$3 - 1 = \square$	$5 - 0 = \square$	$5 - 4 = \square$
$4 - 1 = \square$	$2 - 0 = \square$	$4 - 2 = \square$
$1 - 1 = \square$	$4 - 0 = \square$	$6 - 3 = \square$
$6 - 1 = \square$	$1 - 0 = \square$	$3 - 1 = \square$

❸

❹

❺

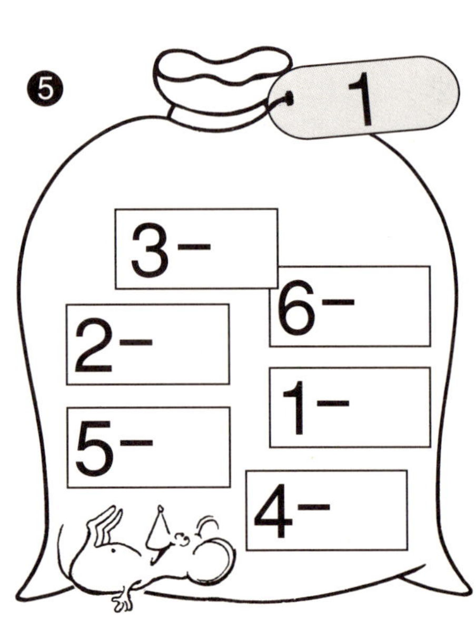

1

1 + 3 = ☐
2 + 3 = ☐
3 + 3 = ☐
4 + 3 = ☐
5 + 3 = ☐

2

1 + 4 = ☐
2 + 4 = ☐
3 + 4 = ☐
4 + 4 = ☐
5 + 4 = ☐

3

0 + 5 = ☐
1 + 5 = ☐
2 + 5 = ☐
3 + 5 = ☐
4 + 5 = ☐

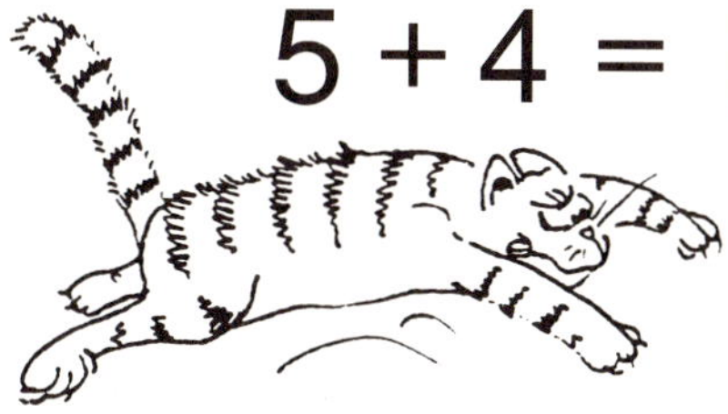

4

5 + 2 = ☐
5 + 3 = ☐
5 + 4 = ☐
6 + 1 = ☐
6 + 2 = ☐

5

6 + 3 = ☐
7 + 1 = ☐
7 + 2 = ☐
8 + 1 = ☐
9 + 0 = ☐

6

2 + 4 = ☐
2 + 5 = ☐
3 + 3 = ☐
3 + 4 = ☐
3 + 5 = ☐

7

4 + 2 = ☐
4 + 3 = ☐
4 + 4 = ☐
4 + 5 = ☐
4 + 1 = ☐

8

5 + 2 = ☐
4 + 2 = ☐
2 + 4 = ☐
4 + 3 = ☐
3 + 4 = ☐

9

5 + 3 = ☐
3 + 5 = ☐
5 + 4 = ☐
4 + 5 = ☐
8 + 0 = ☐

12 Wegnehmen im Zahlenraum bis 9

1
9 − 1 = □
9 − 2 = □
9 − 3 = □
9 − 4 = □
9 − 5 = □

2
8 − 1 = □
8 − 2 = □
8 − 3 = □
8 − 4 = □
8 − 5 = □

3
7 − 1 = □
7 − 2 = □
7 − 3 = □
7 − 4 = □
7 − 5 = □

4
9 − 1 = □
8 − 2 = □
7 − 3 = □
9 − 2 = □
8 − 3 = □

5
7 − 1 = □
9 − 3 = □
8 − 1 = □
7 − 2 = □
9 − 0 = □

6
7 − 0 = □
8 − 0 = □
9 − 4 = □
8 − 5 = □
7 − 4 = □

7
9 − 5 = □
8 − 4 = □
7 − 5 = □
9 − 3 = □
8 − 3 = □

8
9 − □ = 6
8 − □ = 4
7 − □ = 5
9 − □ = 5
8 − □ = 3

9
7 − □ = 3
9 − □ = 4
8 − □ = 5
7 − □ = 2
9 − □ = 7

❶
4 + 1 = ☐
3 + 3 = ☐
5 + 2 = ☐
8 + 0 = ☐
6 + 3 = ☐

❷
3 + 2 = ☐
2 + 4 = ☐
4 + 3 = ☐
7 + 1 = ☐
5 + 4 = ☐

❸
2 + 3 = ☐
1 + 5 = ☐
3 + 4 = ☐
6 + 2 = ☐
4 + 5 = ☐

❹

3 + 4 = ☐
4 + 3 = ☐
3 + 5 = ☐
5 + 3 = ☐

❺
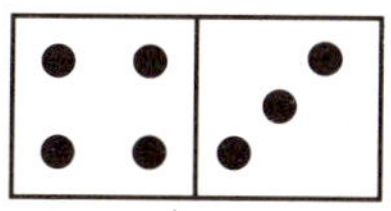

2 + 3 = ☐
3 + 2 = ☐
4 + 1 = ☐
1 + 4 = ☐

❻
7 − 2 = ☐
5 − 0 = ☐
8 − 3 = ☐
6 − 1 = ☐
9 − 4 = ☐

❼

6	1
4	3
7	4
8	2
3	5
5	6

❽
7 − 4 = ☐
7 − 6 = ☐
8 − 4 = ☐
8 − 6 = ☐
9 − 5 = ☐

❾

9	3
3	6
7	2
6	4
5	0
8	5

❶

+	0	3	5	2
1				
3				
4				

❷

−	0	2	5	3
8				
5				
7				

1 + 3 = ☐

5 − 5 = ☐

❸ 1 (+2) 3 (+4) ☐ (−1) ☐ (−3) ☐ (+2) ☐ (−4) 1

❹ 5 (−2) ☐ (+3) ☐ (−1) ☐ (+4) ☐ (−3) ☐ (−2) ☐

❺ 8 (−4) ☐ (+1) ☐ (−3) ☐ (−2) ☐ (+6) ☐ (+3) ☐

❻

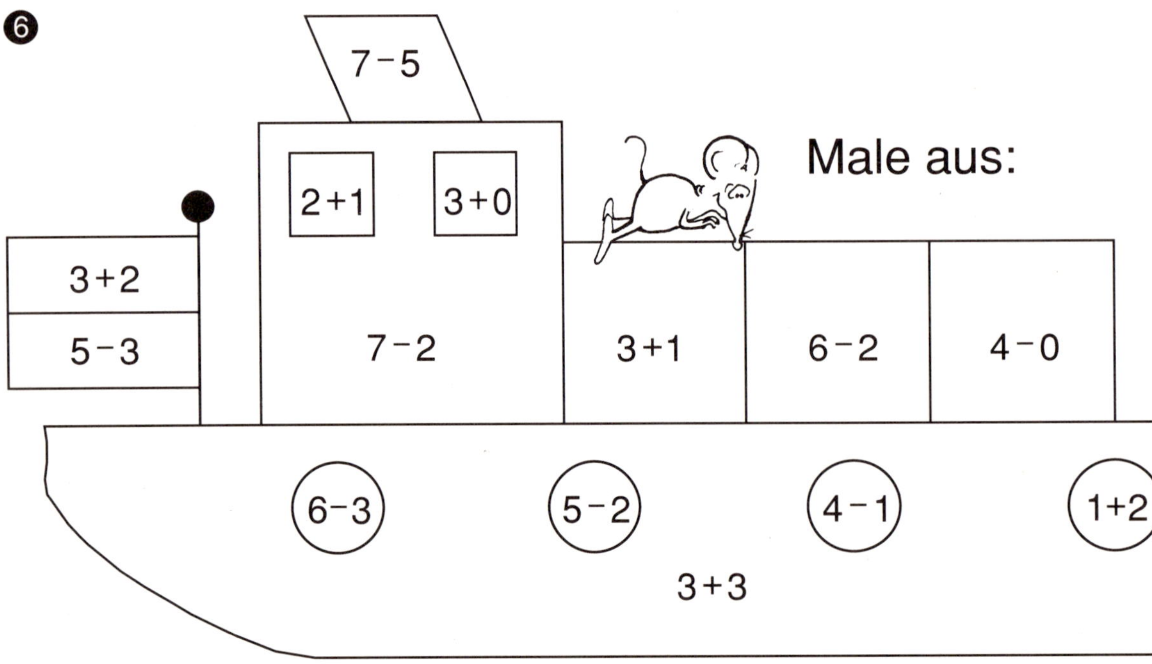

Male aus:

blau = 3
braun = 4
rot = 2
gelb = 5
schwarz = 6

❶

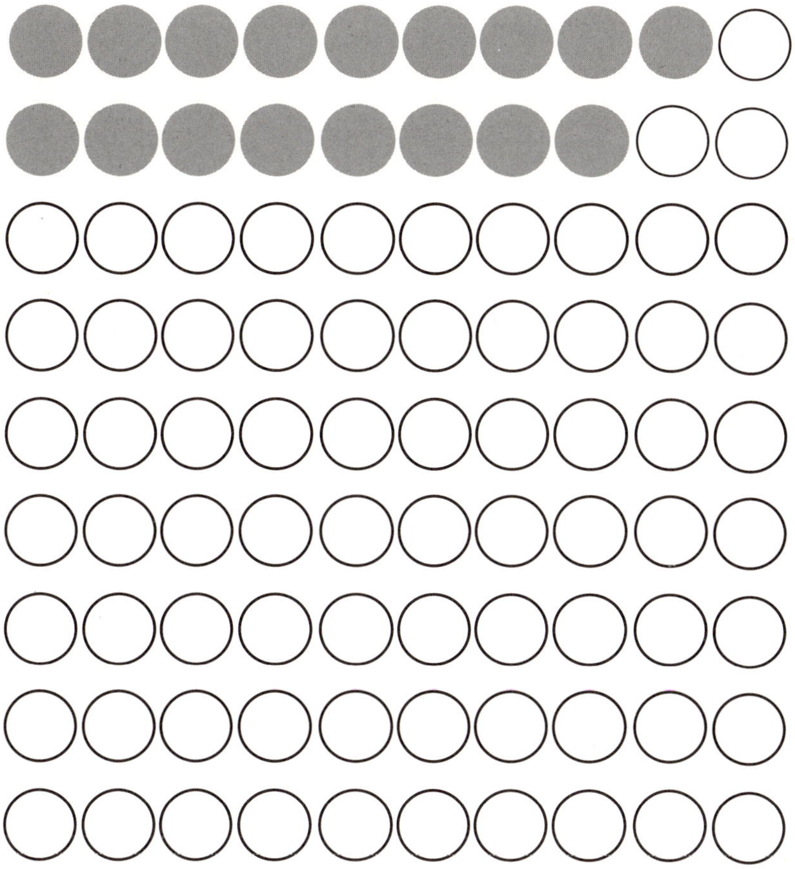

10 = 9 + □
10 = 8 + □
10 = □ + □
10 = □ + □
10 = □ + □
10 = □ + □
10 = □ + □
10 = □ + □
10 = □ + □

❷
10 = 7 + □
10 = 9 + □
10 = 5 + □
10 = 3 + □

❸
10 = 8 + □
10 = 4 + □
10 = 2 + □
10 = 6 + □

❹
10 = □ + 2
10 = □ + 1
10 = □ + 4
10 = □ + 3

❺
9 + □ = 10
6 + □ = 10
8 + □ = 10
7 + □ = 10

❻
4 + □ = 10
2 + □ = 10
5 + □ = 10
3 + □ = 10

❼

8	7	3
9	2	7
1	4	3
6	5	5

❶
10 – 1 = ☐
10 – 2 = ☐
10 – 3 = ☐
10 – 4 = ☐
10 – 5 = ☐

❷
10 – 6 = ☐
10 – 7 = ☐
10 – 8 = ☐
10 – 9 = ☐
10 – 0 = ☐

❸
10 – 4 = ☐
10 – 2 = ☐
10 – 5 = ☐
10 – 3 = ☐
10 – 6 = ☐

❹

10	
3	7
4	
2	
1	

10 – [3] = [7]
10 – ☐ = ☐
10 – ☐ = ☐
10 – ☐ = ☐

❺

10	
5	
7	
6	
8	

10 – [5] = ☐
10 – ☐ = ☐
10 – ☐ = ☐
10 – ☐ = ☐

❻

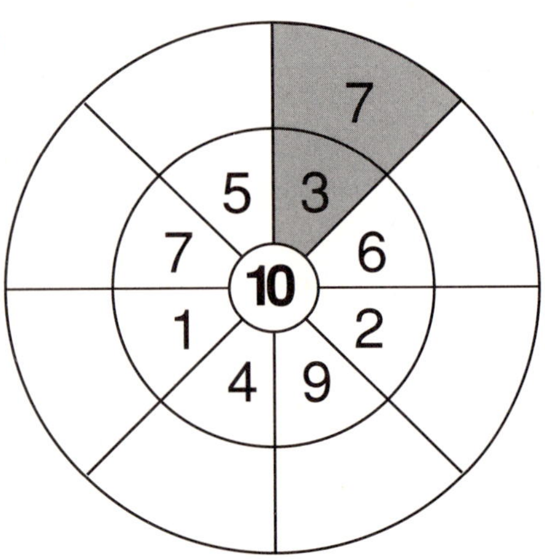

10 – 3 = [7]

❼

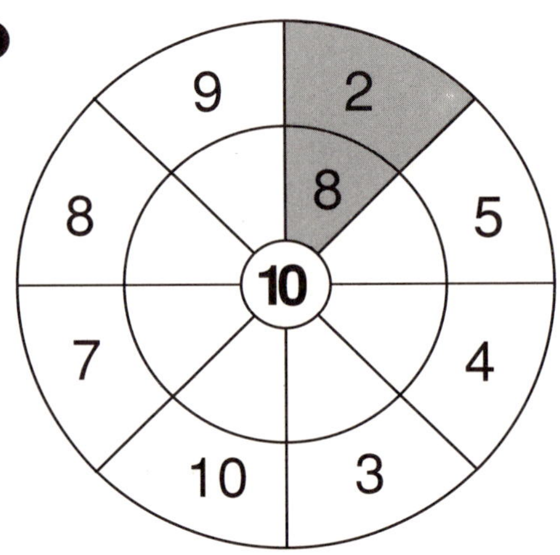

10 – [8] = 2

❶ Zehner ____________ Einer ____________

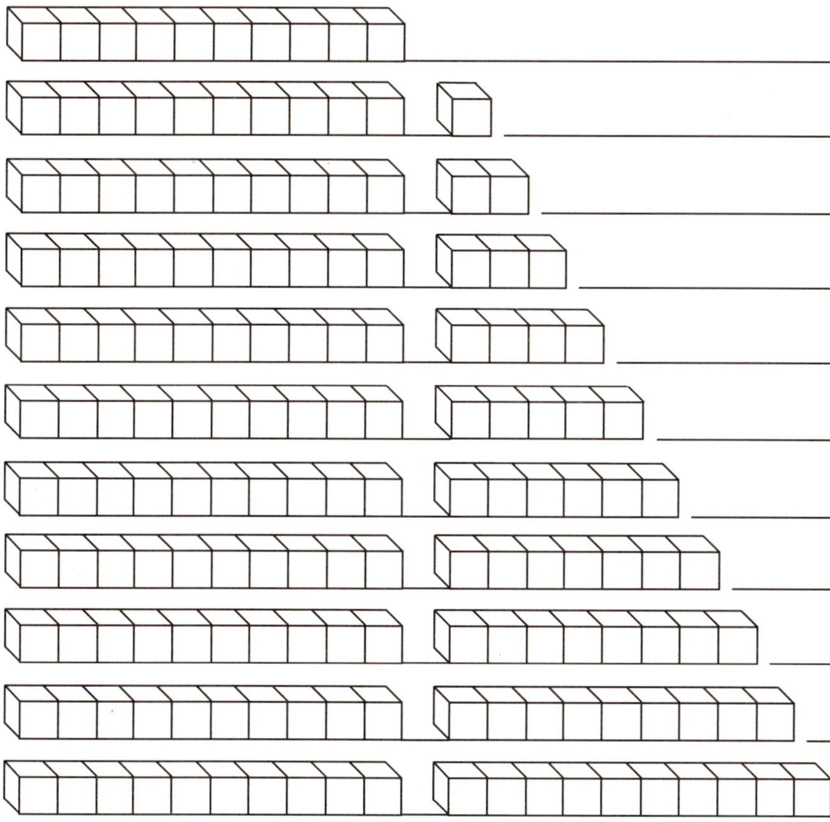

10	1	0
10 + 1 =		
10 + 2 =		
10 + 3 =		
10 + 4 =		
10 + 5 =		
10 + 6 =		
10 + 7 =		
10 + 8 =		
10 + 9 =		
10 + 10 =		

❷

❸

❶

10	11	12
13		15
14		16
15		17
17		19
12		14

❷

9		11
	12	13
16		
	17	
	13	
		20

❸

1	2		4	5
3		5		7
5	6			9
9				13
	14			
15				

❹

+2 →

6	8					

					18	20

← −2

+3 →

2						

						14

← −1

❺

↓ +3

+2 →

5	7	
8		

❻

7		
	12	
		20

❶
10 + ☐ = 14
10 + ☐ = 16
10 + ☐ = 11
10 + ☐ = 15
10 + ☐ = 18

❷

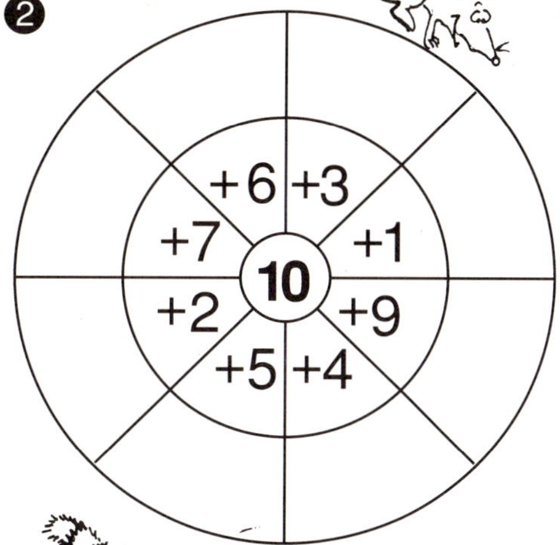

❸
10 + ☐ = 13
10 + ☐ = 10
10 + ☐ = 12
10 + ☐ = 17
10 + ☐ = 19

❹
18 = 10 + ☐
16 = 10 + ☐
13 = 10 + ☐
11 = 10 + ☐
15 = 10 + ☐

❺

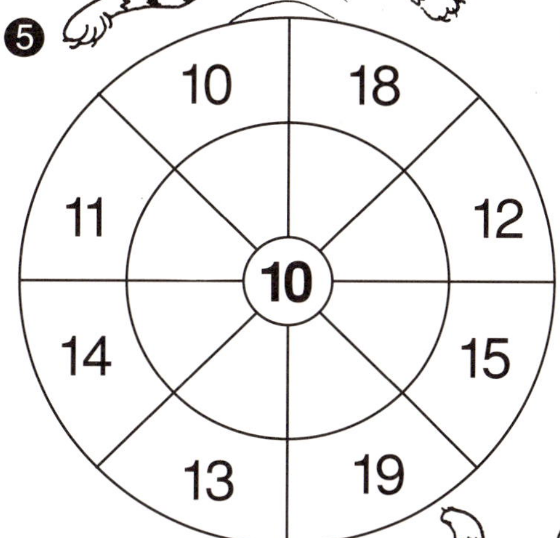

❻
17 = 10 + ☐
12 = 10 + ☐
14 = 10 + ☐
10 = 10 + ☐
19 = 10 + ☐

❼
6 + ☐ = 16
4 + ☐ = 14
2 + ☐ = 12
7 + ☐ = 17
9 + ☐ = 19

❽
1 + ☐ = 11
3 + ☐ = 13
5 + ☐ = 15
8 + ☐ = 18
0 + ☐ = 10

❾

10 + 4	12
10 + 7	14
10 + 2	15
10 + 5	13
10 + 3	17

❶
17 − 10 = □
15 − 10 = □
12 − 10 = □
10 − 10 = □
16 − 10 = □

❷
11 − 10 = □
19 − 10 = □
13 − 10 = □
18 − 10 = □
14 − 10 = □

❸
15 − □ = 5
13 − □ = 3
17 − □ = 7
12 − □ = 2
14 − □ = 4

❹
19: 5, 10, 4
17: 3, 4, □
20: 5, □, 5
18: 4, □, 10

❺
□: 2, 4, 10
□: 10, 2, 3
□: 1, 3, 10
□: 10, 1, 0

❻
16: □, 4, □

15: 3, □, □
13: □, 0, □

❼

Vorgänger	9		14			15			11	
Zahl	10	13			11			17		19
Nachfolger	11			17			19			

❶
11 + 2 = ☐
13 + 3 = ☐
14 + 1 = ☐
12 + 3 = ☐
13 + 2 = ☐

❷
15 + 2 = ☐
17 + 1 = ☐
16 + 3 = ☐
15 + 3 = ☐
16 + 2 = ☐

❸
16 + 1 = ☐
15 + 1 = ☐
17 + 3 = ☐
18 + 1 = ☐
19 + 1 = ☐

❹
13 + ☐ = 16
14 + ☐ = 15
12 + ☐ = 15
11 + ☐ = 13
13 + ☐ = 15
14 + ☐ = 17

❺
15 + ☐ = 17
16 + ☐ = 19
17 + ☐ = 19
14 + ☐ = 17
18 + ☐ = 20
19 + ☐ = 20

❻
11 + 4 = ☐
12 + 5 = ☐
13 + 6 = ☐
12 + 4 = ☐
13 + 5 = ☐
11 + 6 = ☐

❼
12 + 6 = ☐
14 + 4 = ☐
13 + 4 = ☐
14 + 6 = ☐
11 + 5 = ☐
14 + 5 = ☐

❽

+	4	1	3	2	5
11					
14					
13					
15					

Zusammenzählen im Zahlenraum bis 20

❶
5 + 2 = □
15 + 2 = □
3 + 2 = □
13 + 2 = □
4 + 2 = □
14 + 2 = □

❷
6 + 3 = □
16 + 3 = □
2 + 4 = □
12 + 4 = □
1 + 5 = □
11 + 5 = □

❸
2 + 6 = □
12 + 6 = □
3 + 4 = □
13 + 4 = □
4 + 5 = □
14 + 5 = □

❹
4 + □ = 6
14 + □ = 16
5 + □ = 8
15 + □ = 18
1 + □ = 5
11 + □ = 15

❺
3 + □ = 5
13 + □ = 15
4 + □ = 10
14 + □ = 20
3 + □ = 9
13 + □ = 19

❻
6 + □ = 8
16 + □ = 18
4 + □ = 7
14 + □ = 17
5 + □ = 9
15 + □ = 19

❼

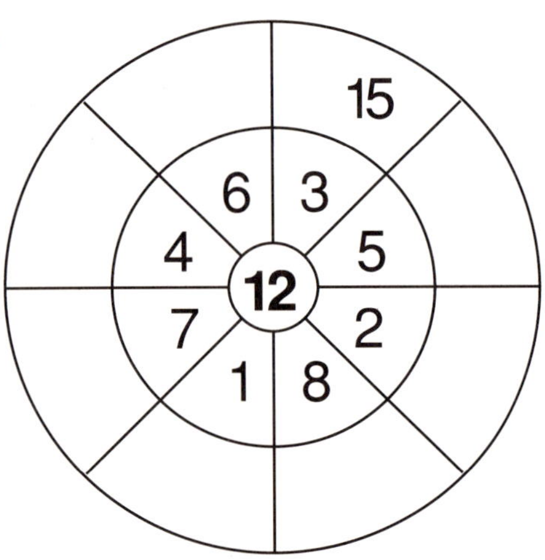

12 + 3 = 15

❽

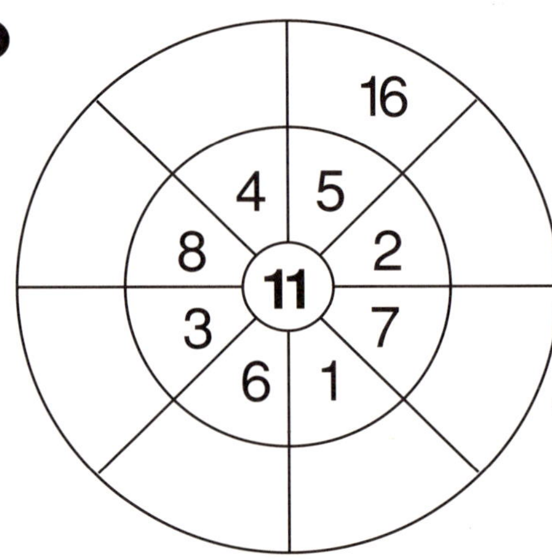

11 + 5 = 16

❶
14 − 4 = □
18 − 8 = □
17 − 7 = □
15 − 5 = □
13 − 3 = □
16 − 6 = □

❷
4 − 2 = □
14 − 2 = □
8 − 2 = □
18 − 2 = □
5 − 3 = □
15 − 3 = □

❸
7 − 5 = □
17 − 5 = □
8 − 4 = □
18 − 4 = □
9 − 5 = □
19 − 5 = □

❹
7 − 6 = □
17 − 6 = □
9 − 5 = □
19 − 5 = □
8 − 6 = □
18 − 6 = □

❺
9 − 4 = □
19 − 4 = □
8 − 5 = □
18 − 5 = □
7 − 4 = □
17 − 4 = □

❻
18 —(-4)→ □
19 —(-5)→ □
16 —(-4)→ □
17 —(-5)→ □
19 —(-4)→ □
16 —(-6)→ □

❼
18 —(-5)→ □
17 —(-4)→ □
19 —(-6)→ □
18 —(-6)→ □
17 —(-6)→ □
16 —(-5)→ □

❽

−	4	3	2	5	6
17					
19					
18					
16					

Wegnehmen im Zahlenraum bis 20

❶
12 − ☐ = 10
18 − ☐ = 10
17 − ☐ = 10
13 − ☐ = 10
19 − ☐ = 10
16 − ☐ = 10

❷
16 − 5 = ☐
19 − 4 = ☐
18 − 6 = ☐
17 − 4 = ☐
16 − 4 = ☐
18 − 5 = ☐

❸
17 − 5 = ☐
16 − 6 = ☐
19 − 5 = ☐
18 − 4 = ☐
19 − 6 = ☐
17 − 6 = ☐

❹

18 − 6 = ☐

❺

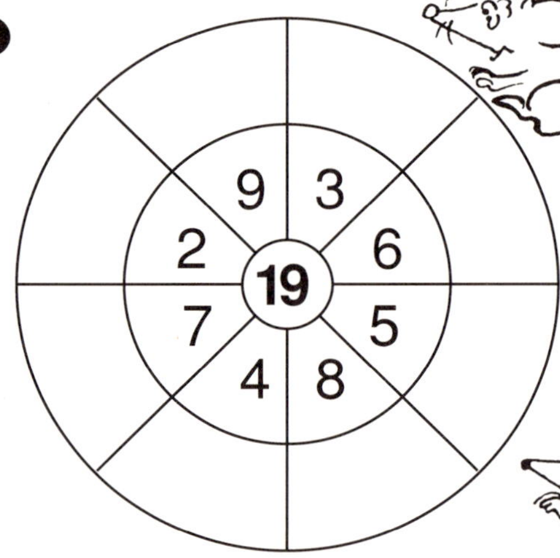

19 − 3 = ☐

❻

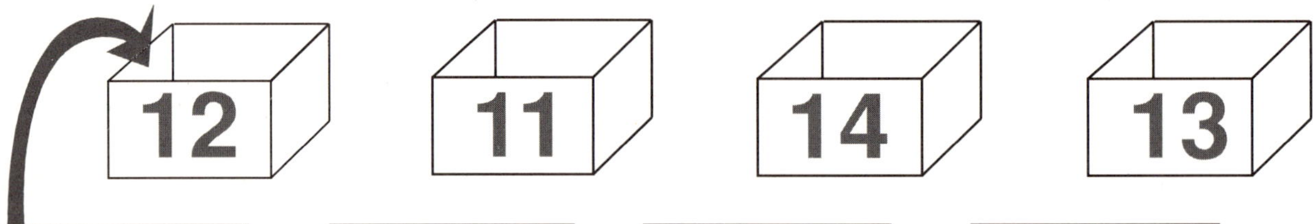

17 − 5	19 − 5	19 − 6	15 − 3
17 − 3	18 − 7	16 − 4	16 − 5
18 − 5	17 − 6	18 − 4	16 − 3

❶ Welche Blätter fressen die Käfer? Male sie an!

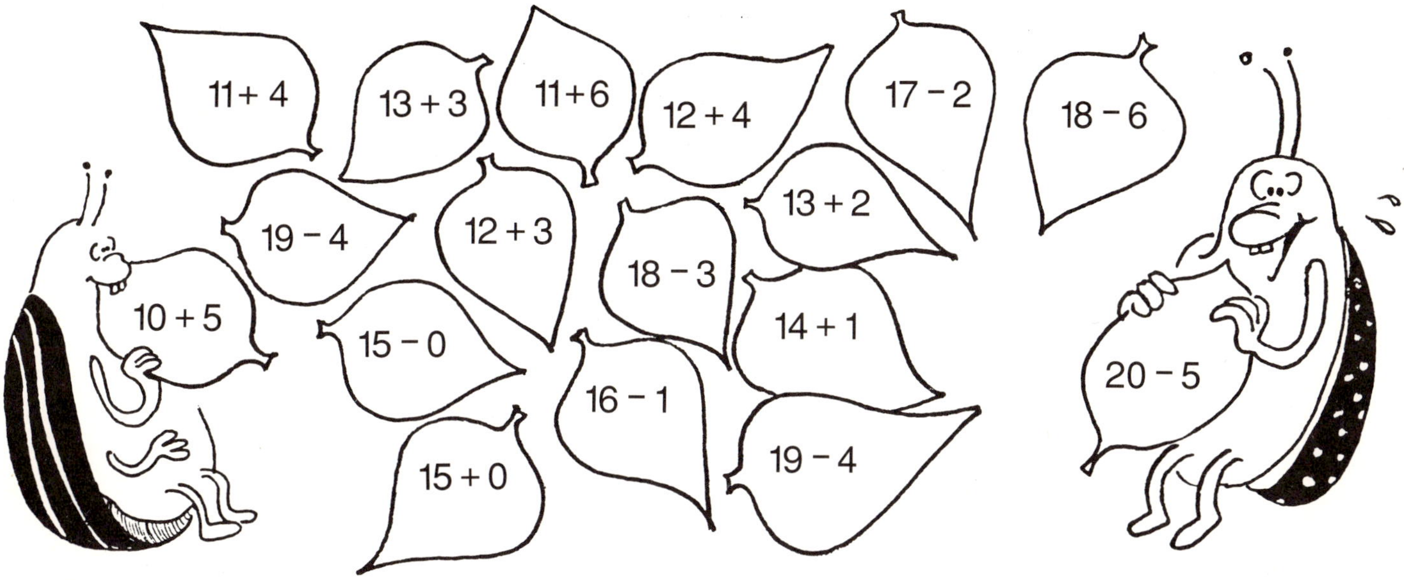

❷
12 + 3 = ☐
15 + 2 = ☐
13 + 4 = ☐
17 + 3 = ☐
12 + 2 = ☐

❸
13 + 2 = ☐
15 + 4 = ☐
17 + 2 = ☐
14 + 3 = ☐
14 + 4 = ☐

❹
15 + 3 = ☐
14 + 2 = ☐
16 + 3 = ☐
18 + 2 = ☐
16 + 4 = ☐

❺
20 − 2 = ☐
18 − 3 = ☐
16 − 4 = ☐
17 − 2 = ☐
14 − 4 = ☐
13 − 2 = ☐

❻
17 − 3 = ☐
19 − 2 = ☐
18 − 4 = ☐
14 − 2 = ☐
15 − 3 = ☐
16 − 2 = ☐

❼
15 − 2 = ☐
19 − 3 = ☐
15 − 4 = ☐
18 − 2 = ☐
17 − 4 = ☐
16 − 3 = ☐

26 Gemischte Übungsaufgaben bis 20

❶ Wohin laufen die Mäuse?

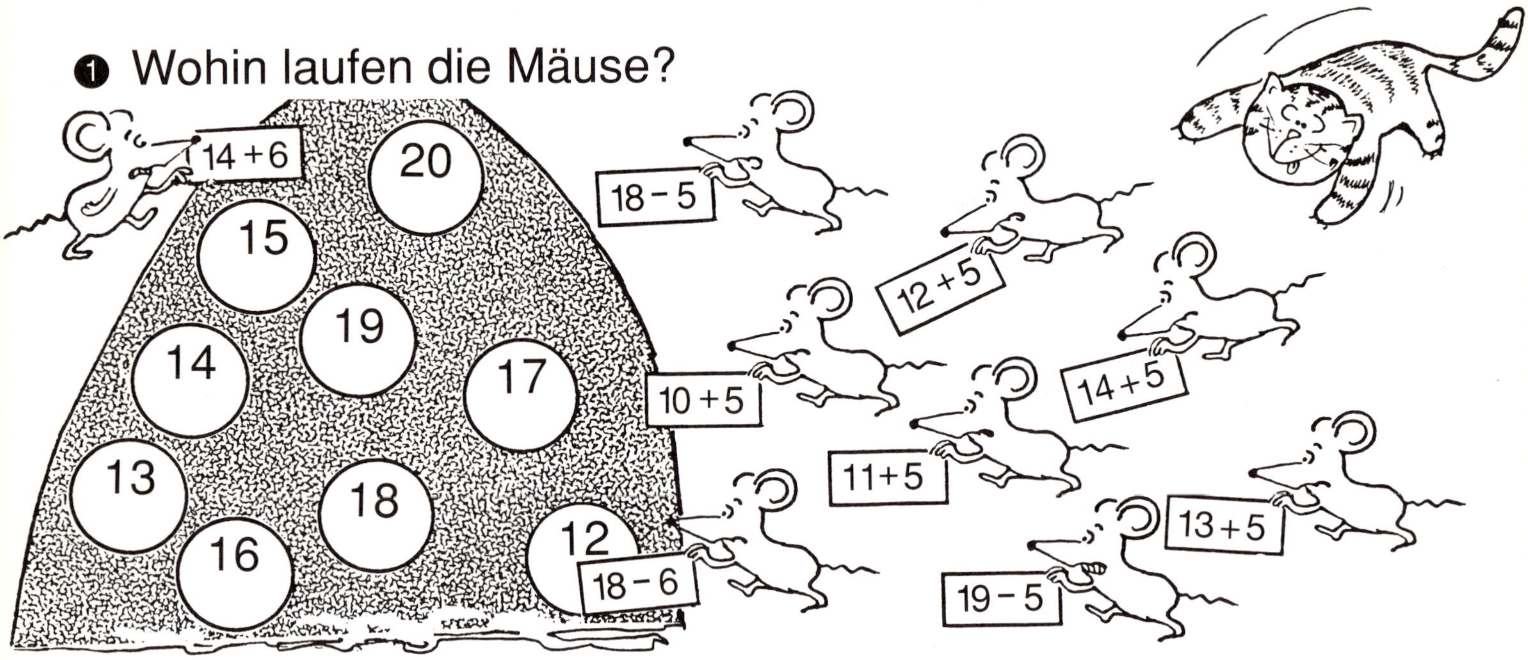

❷
10 + 5 = □
13 + 6 = □
12 + 5 = □
15 + 5 = □
11 + 6 = □
14 + 6 = □

❸
18 − 5 = □
16 − 6 = □
17 − 5 = □
19 − 6 = □
17 − 6 = □
19 − 5 = □

❹
10 + 6 = □
18 − 6 = □
12 + 6 = □
14 + 5 = □
18 − 4 = □
16 − 5 = □

❺
10 + □ = 15
12 + □ = 18
13 + □ = 18
14 + □ = 20
11 + □ = 16
18 + □ = 18

❻
15 − □ = 10
17 − □ = 11
18 − □ = 12
19 − □ = 14
16 − □ = 10
18 − □ = 13

❼
4 + □ = 14
15 − □ = 5
7 + □ = 17
16 − □ = 6
8 + □ = 18
13 − □ = 3

❶
1 + 7 = □
10 + 7 = □
11 + 7 = □
2 + 7 = □
12 + 7 = □
3 + 7 = □

❷
1 + 8 = □
10 + 8 = □
11 + 8 = □
2 + 8 = □
10 + 9 = □
1 + 9 = □

❸
19 − 7 = □
19 − 9 = □
18 − 8 = □
19 − 8 = □
18 − 7 = □
17 − 7 = □

❹
10 + □ = 17
14 + □ = 19
2 + □ = 9
10 + □ = 18
13 + □ = 16
12 + □ = 17

❺
10 + □ = 18
1 + □ = 8
13 + □ = 19
4 + □ = 10
10 + □ = 19
11 + □ = 15

❻
10 + □ = 19
11 + □ = 18
12 + □ = 19
3 + □ = 10
11 + □ = 19
2 + □ = 10

❼
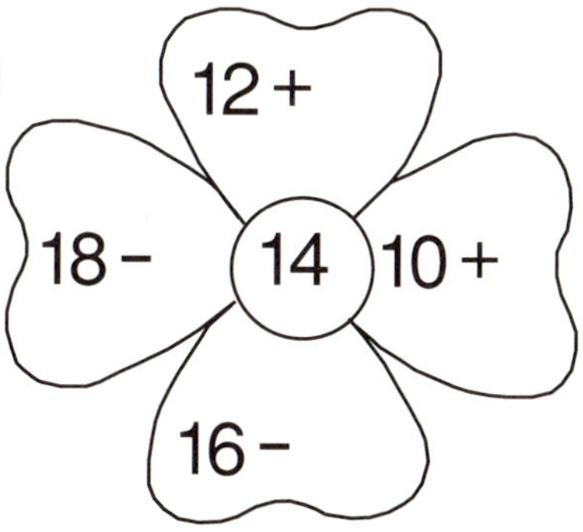

❽

❾
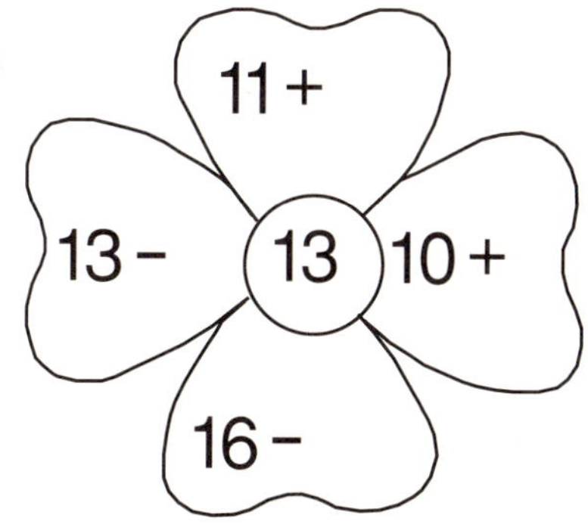

❿

⓫

⓬

❶ Male mit 2 Farben an.

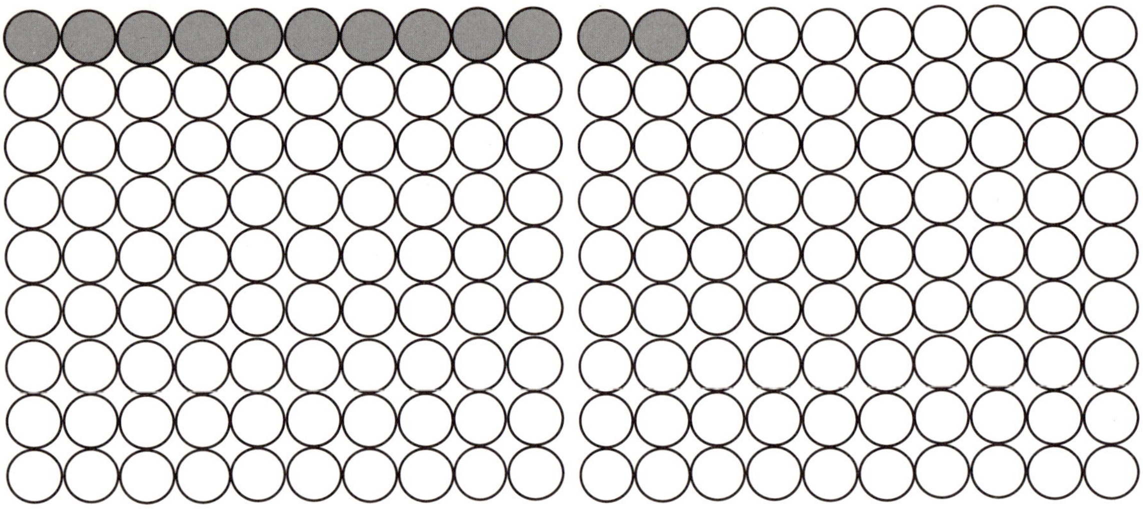

20 = 12 + ☐
20 = 10 + ☐
20 = 13 + ☐
20 = 15 + ☐
20 = 18 + ☐
20 = 14 + ☐
20 = 11 + ☐
20 = 16 + ☐
20 = 19 + ☐

❷	❸	❹
11 + 9 = ☐	20 − 10 = ☐	12 + 8 = ☐
14 + 6 = ☐	20 − 6 = ☐	20 − 7 = ☐
18 + 2 = ☐	20 − 2 = ☐	17 + 3 = ☐
16 + 4 = ☐	20 − 4 = ☐	20 − 5 = ☐
13 + 7 = ☐	20 − 8 = ☐	10 + 10 = ☐
19 + 1 = ☐	20 − 3 = ☐	20 − 9 = ☐

❺

❻

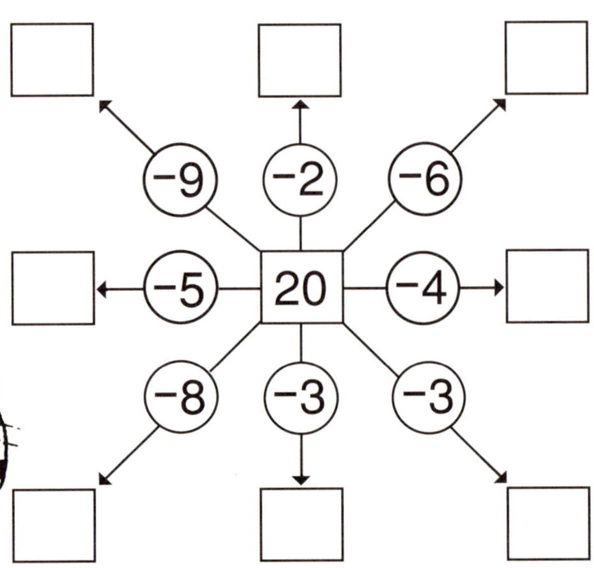

❶

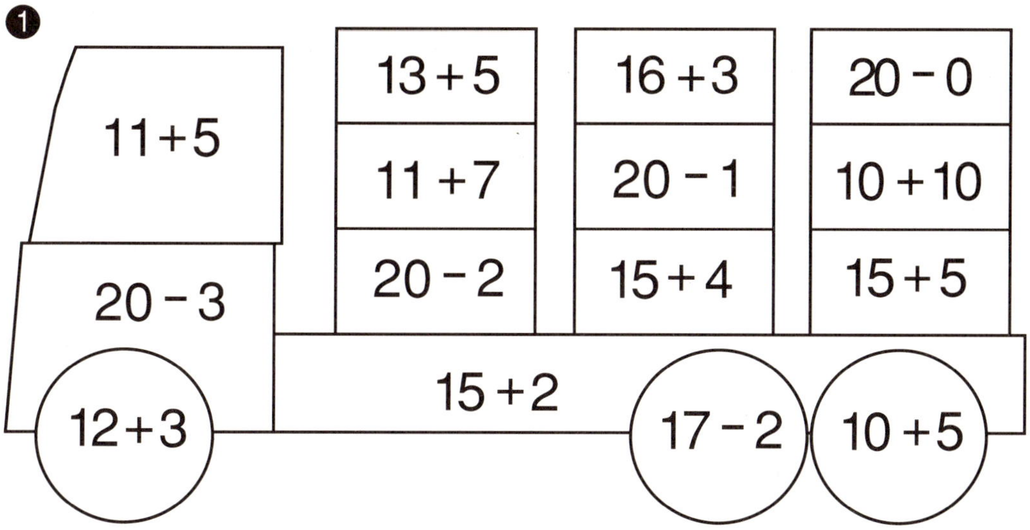

schwarz 15
blau 16
grün 17
gelb 18
orange 19
braun 20

❷

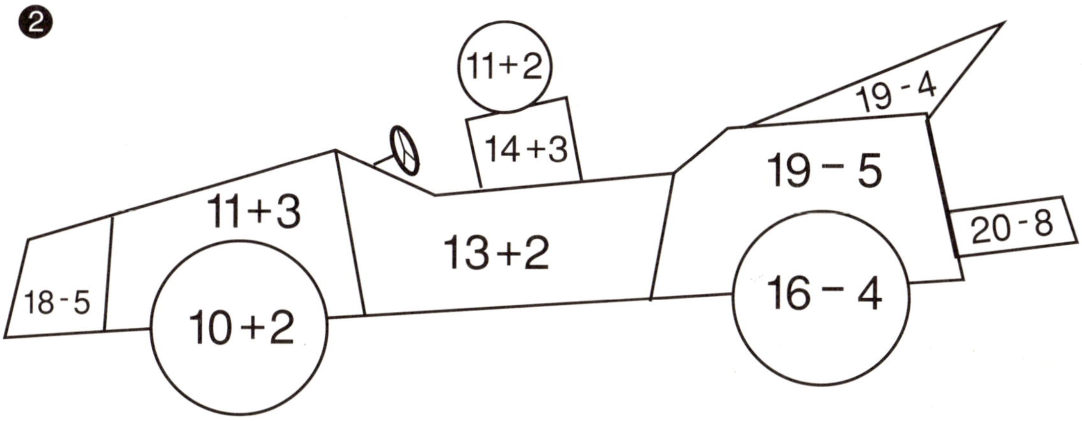

schwarz 12
rot 14
gelb 13
blau 17
orange 15

❸

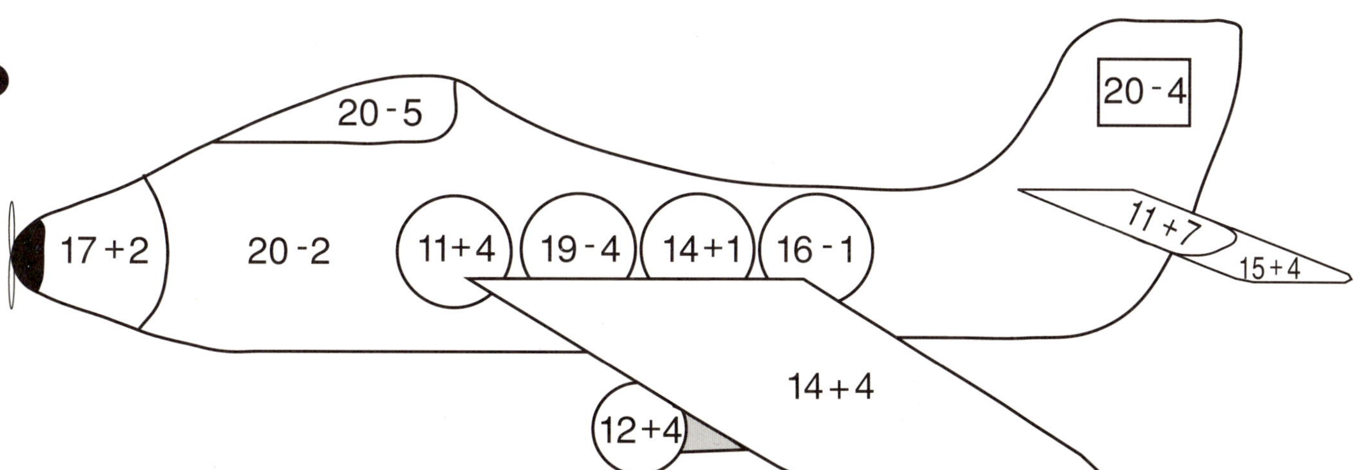

blau 15 gelb 18 rot 16 schwarz 19

❶

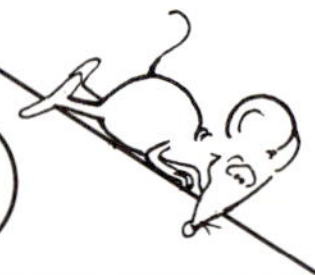

20

10	
	5
18	
	7
11	

❷

17

11	
	1
14	
	4
15	

❸

15

10	
	1
12	
	4
13	

❹

12 —(+2)→ ☐
10 —(+8)→ ☐
13 —(+3)→ ☐
11 —(+9)→ ☐
15 —(+4)→ ☐
10 —(+10)→ ☐

❺

14 —(−2)→ ☐
20 —(−7)→ ☐
16 —(−3)→ ☐
19 —(−8)→ ☐
17 —(−4)→ ☐
20 —(−9)→ ☐

❻

17 —(−6)→ ☐
11 —(+5)→ ☐
17 —(−7)→ ☐
10 —(+6)→ ☐
16 —(−5)→ ☐
12 —(+7)→ ☐

❼

11 + 7 = ☐
15 + 4 = ☐
12 + 3 = ☐
16 + 4 = ☐
12 + 8 = ☐
14 + 3 = ☐

❽

20 − 5 = ☐
18 − 6 = ☐
17 − 4 = ☐
15 − 5 = ☐
16 − 1 = ☐
14 − 3 = ☐

❾

15 + 3 = ☐
20 − 6 = ☐
11 + 4 = ☐
15 − 2 = ☐
12 + 6 = ☐
18 − 5 = ☐

❶ Immer 10.

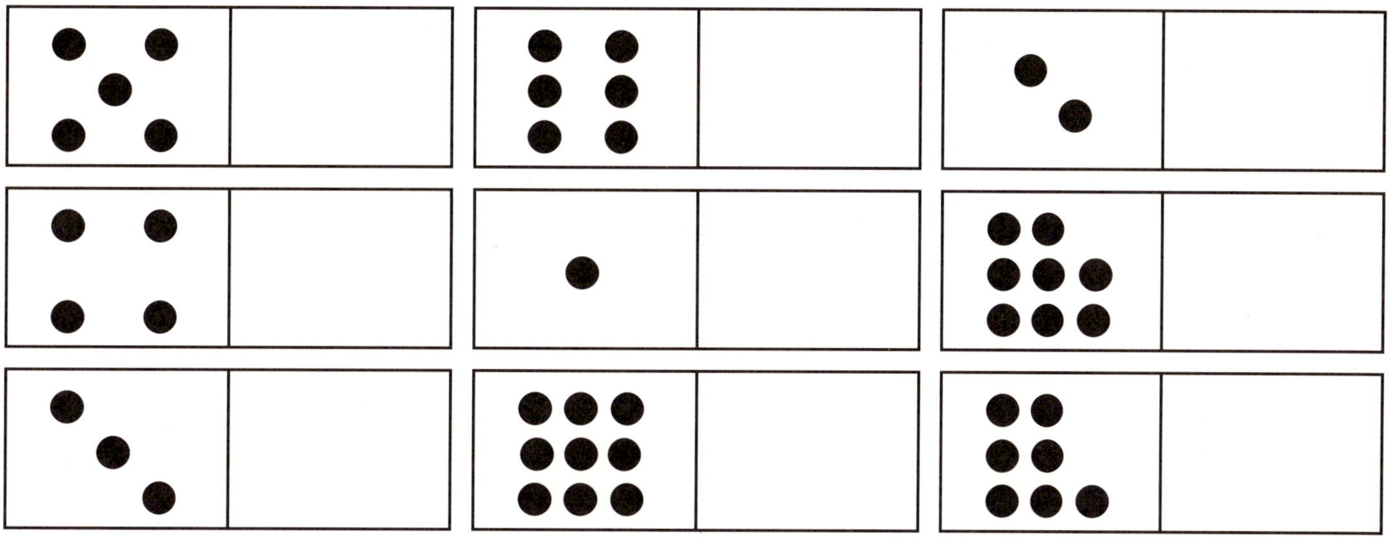

❷
7 + ☐ = 10
8 + ☐ = 10
4 + ☐ = 10
9 + ☐ = 10
5 + ☐ = 10
6 + ☐ = 10

❸
2 8 9 1 3 4 7 6 6 5 4 5

❹
4 → ◯ → 10
6 → ◯ → 10
7 → ◯ → 10
9 → ◯ → 10
5 → ◯ → 10
8 → ◯ → 10

❺
10
6 + ☐
7 + ☐
2 + ☐
9 + ☐
5 + ☐

❻
10
8 + ☐
10 + ☐
4 + ☐
3 + ☐
1 + ☐

❶

10: 18 − □, 12 − □, 17 − □, 14 − □

10: 13 − □, 16 − □, 11 − □, 15 − □

❷
14 − □ = 10
17 − □ = 10
16 − □ = 10
13 − □ = 10
12 − □ = 10
15 − □ = 10

❸
11 → ○ → 10
15 → ○ → 10
13 → ○ → 10
16 → ○ → 10
14 → ○ → 10
12 → ○ → 10

❹
10 = □ − 3
10 = □ − 1
10 = □ − 4
10 = □ − 6
10 = □ − 2
10 = □ − 5

❺
7 + 3 + 1 = □
8 + 2 + 4 = □
5 + 5 + 3 = □
6 + 4 + 2 = □
4 + 6 + 3 = □
3 + 7 + 2 = □

❻
11 − 1 − 3 = □
13 − 3 − 2 = □
12 − 2 − 4 = □
14 − 4 − 1 = □
16 − 6 − 3 = □
15 − 5 − 2 = □

❶
8 + 2 + 1 = □□
7 + 3 + 1 = □□
8 + 2 + 3 = □□
6 + 4 + 1 = □□
7 + 3 + 2 = □□
9 + 1 + 3 = □□

❷
8 + 3 = 8 + 2 + 1 = □□
7 + 5 = 7 + 3 + □ = □□
6 + 5 = □ + □ + □ = □□
9 + 4 = □ + □ + □ = □□
8 + 5 = □ + □ + □ = □□
7 + 4 = □ + □ + □ = □□

❸
7 → (+4) → □; 7 → (+3) → 10 → (+1) → □
8 → (+4) → □; 8 → ( ) → 10 → ( ) → □
9 → (+5) → □; 9 → ( ) → 10 → ( ) → □
8 → (+5) → □; 8 → ( ) → 10 → ( ) → □
9 → (+4) → □; 9 → ( ) → 10 → ( ) → □
7 → (+5) → □; 7 → ( ) → 10 → ( ) → □

❹
9 + 4 = □□
7 + 4 = □□
8 + 4 = □□
9 + 5 = □□
7 + 5 = □□
8 + 5 = □□

❺
9 + 3 = □□
9 + 2 = □□
8 + 3 = □□
8 + 4 = □□
7 + 4 = □□
7 + 5 = □□

❻
8 + □ + □ = 11
7 + □ + □ = 12
9 + □ + □ = 13
8 + □ + □ = 13
7 + □ + □ = 11
9 + □ + □ = 14

Dazuzählen mit Zehnerüberschreitung

❶

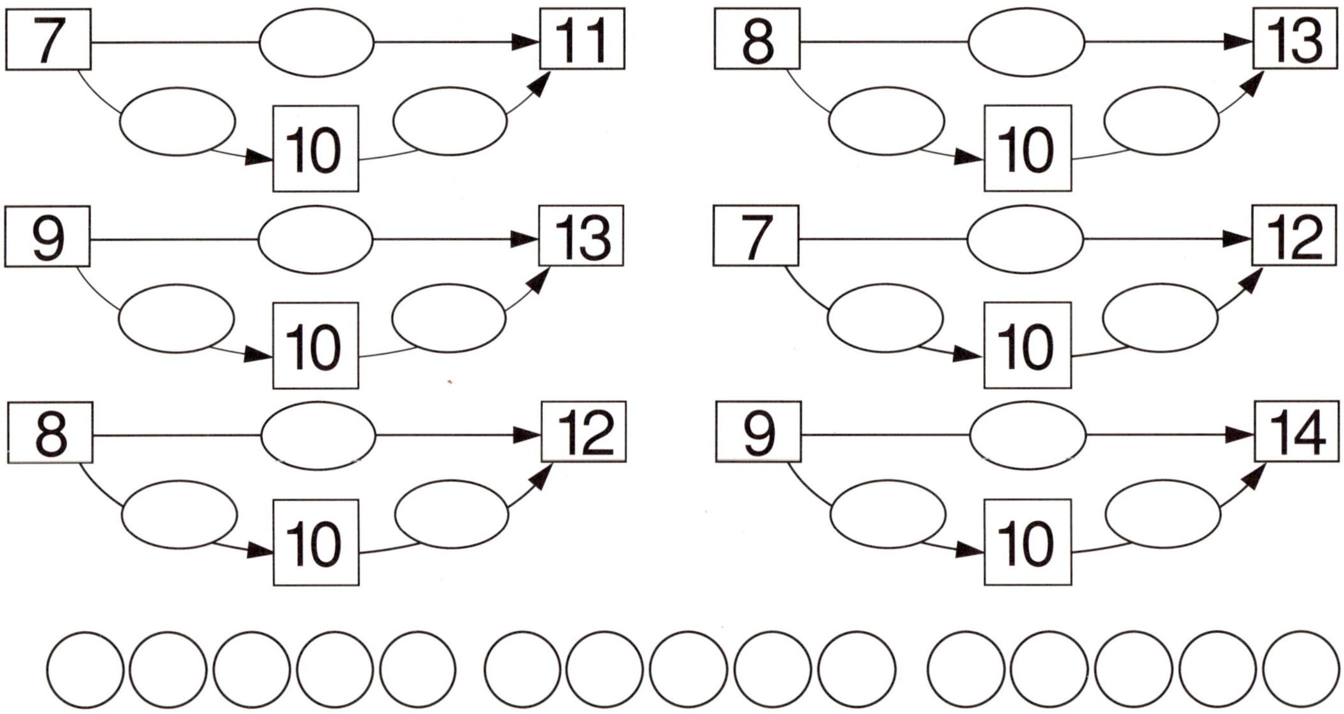

❷

+	2	3	4	5
7				
8				
9				

❸

+	4	2	3	5
9				
7				
8				

❹

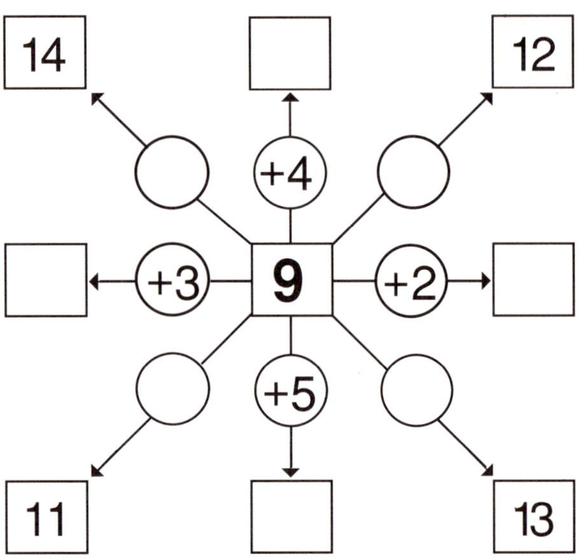

❺ Aufgepasst!

9 + 6 + 1 = ☐

8 + 7 + 2 = ☐

6 + 8 + 4 = ☐

7 + 6 + 3 = ☐

8 + 4 + 2 = ☐

❶
11 − □ = 10
13 − □ = 10
15 − □ = 10
12 − □ = 10
14 − □ = 10
16 − □ = 10

❷
13 − 3 − 1 = □
14 − 4 − 1 = □
11 − 1 − 1 = □
12 − 2 − 1 = □
13 − 3 − 2 = □
12 − 2 − 2 = □

❸ Immer 10

13 −
14 −
12 −
11 −
15 −
16 −

❹
12 − 4 = 12 − 2 − 2 = □
11 − 4 = 11 − 1 − □ = □
13 − 4 = 13 − □ − □ = □
11 − 5 = 11 − □ − □ = □
13 − 5 = 13 − □ − □ = □
12 − 5 = 12 − □ − □ = □

❺
13 −○→ 10
14 −○→ 10
11 −○→ 10
15 −○→ 10
12 −○→ 10
16 −○→ 10

❻
11 → −4 → □; 11 → −1 → 10 → −3 → □
12 → −4 → □; 12 → ○ → 10 → ○ → □
11 → −5 → □; 11 → ○ → 10 → ○ → □

❼
13 → −5 → □; 13 → ○ → □ → ○ → □
14 → −5 → □; 14 → ○ → 10 → ○ → □
12 → −3 → □; 12 → ○ → 10 → ○ → □

❶

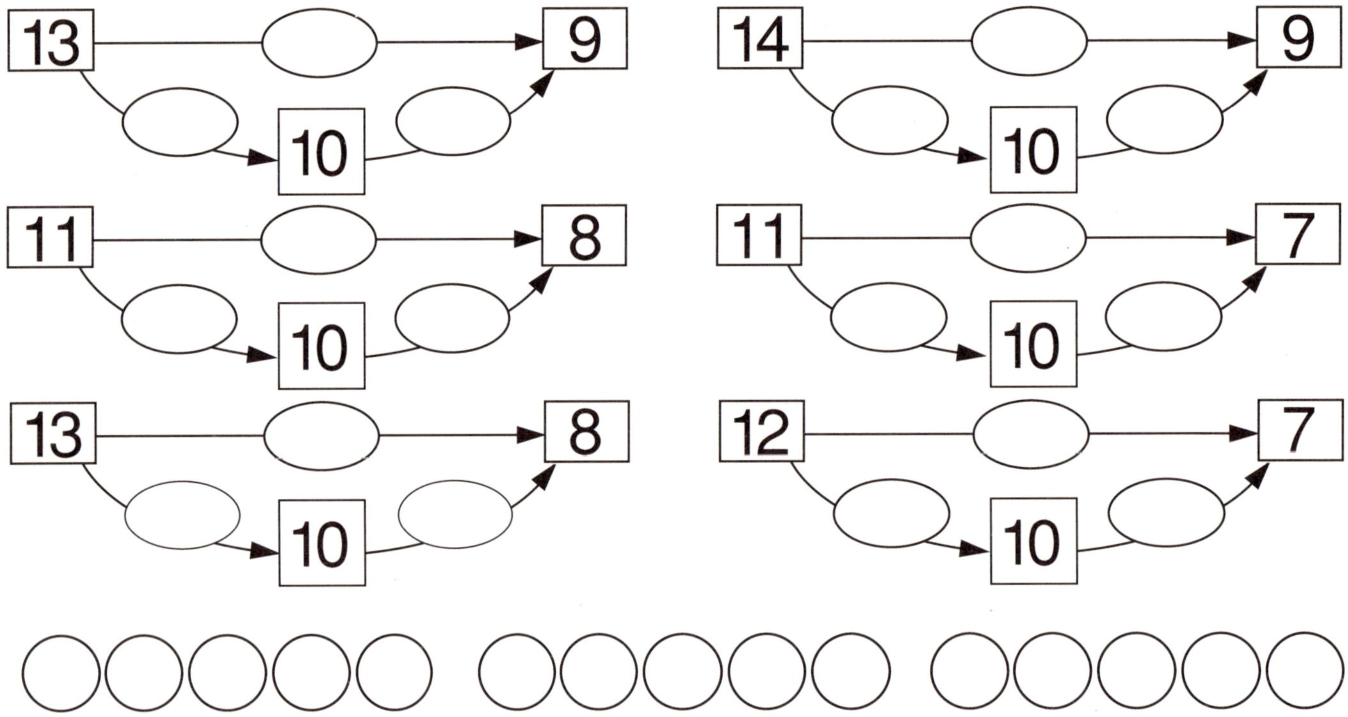

❷

–	2	3	4	5
11				
12				
13				

❸

–	3	5	2	4
12				
14				
13				

❹

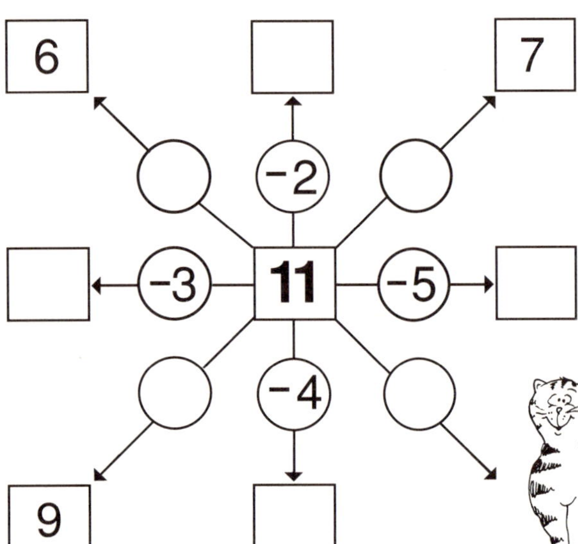

❺ Aufgepasst!

12 – 5 – 2 = ☐

13 – 6 – 3 = ☐

11 – 4 – 1 = ☐

14 – 5 – 4 = ☐

15 – 7 – 5 = ☐

❶ Immer 10. Male gleichfarbig an.

6	5	4	7	2
5	9	1	3	8
4	5	1	6	5
3	9	2	7	8

❷

8 + ☐ 7 + ☐

5 + ☐  9 + ☐

6 + ☐ 3 + ☐

2 + ☐ 5 + ☐ 

4 + ☐  1 + ☐

❸

●●●●●●●●●○ ○○○○ $9+5=$ 9 + 1 + 4 = ☐☐

●●●●●●●●○○ ○○○○ $8+6=$ 8 + ☐ + ☐ = ☐☐

●●●●○○○○○○ ○○○ $4+9=$ ☐ + ☐ + ☐ = ☐☐

●●●●●○○○○○ ○○ $5+7=$ ☐ + ☐ + ☐ = ☐☐

●●●●●●●○○○ ○○○ $7+6=$ ☐ + ☐ + ☐ = ☐☐

●●●●○○○○○○ ○○ $4+8=$ ☐ + ☐ + ☐ = ☐☐

❹

$9+1+5=$ ☐☐

$8+2+6=$ ☐☐

$7+3+5=$ ☐☐

$7+3+4=$ ☐☐

$8+2+7=$ ☐☐

$9+1+6=$ ☐☐

❺

$6+4+3=$ ☐☐

$5+5+2=$ ☐☐

$4+6+5=$ ☐☐

$3+7+2=$ ☐☐

$2+8+1=$ ☐☐

$6+4+5=$ ☐☐

❻

$8+2+9=$ ☐☐

$3+7+5=$ ☐☐

$5+5+8=$ ☐☐

$7+3+6=$ ☐☐

$4+6+7=$ ☐☐

$2+8+7=$ ☐☐

❶ 9 + 4 = [9] + [1] + [3] = [ ][ ]
8 + 7 = [8] + [ ] + [ ] = [ ][ ]
9 + 6 = [ ] + [ ] + [ ] = [ ][ ]
7 + 6 = [ ] + [ ] + [ ] = [ ][ ]
5 + 7 = [ ] + [ ] + [ ] = [ ][ ]
4 + 9 = [ ] + [ ] + [ ] = [ ][ ]

❷ 5 + 8 = [5] + [5] + [3] = [ ][ ]
7 + 8 = [7] + [ ] + [ ] = [ ][ ]
6 + 9 = [ ] + [ ] + [ ] = [ ][ ]
8 + 9 = [ ] + [ ] + [ ] = [ ][ ]
6 + 8 = [ ] + [ ] + [ ] = [ ][ ]
5 + 9 = [ ] + [ ] + [ ] = [ ][ ]

❸

5 + 6 = [ ][ ]
6 + 6 = [ ][ ]
7 + 6 = [ ][ ]

7 + 8 = [ ][ ]
8 + 8 = [ ][ ]
9 + 8 = [ ][ ]

4 + 4 = [ ][ ]
5 + 5 = [ ][ ]
6 + 6 = [ ][ ]

6 + 7 = [ ][ ]
7 + 7 = [ ][ ]
8 + 7 = [ ][ ]

8 + 9 = [ ][ ]
9 + 9 = [ ][ ]
10 + 9 = [ ][ ]

7 + 7 = [ ][ ]
8 + 8 = [ ][ ]
9 + 9 = [ ][ ]

❹ 4 + 6 = [ ][ ]
5 + 6 = [ ][ ]
6 + 6 = [ ][ ]
7 + 6 = [ ][ ]
8 + 6 = [ ][ ]
9 + 6 = [ ][ ]

❺ 3 + 7 = [ ][ ]
4 + 7 = [ ][ ]
5 + 7 = [ ][ ]
6 + 7 = [ ][ ]
7 + 7 = [ ][ ]
8 + 7 = [ ][ ]

❻ 2 + 8 = [ ][ ]
3 + 8 = [ ][ ]
4 + 8 = [ ][ ]
5 + 8 = [ ][ ]
6 + 8 = [ ][ ]
7 + 8 = [ ][ ]

❶ Sortiere richtig ein . . .

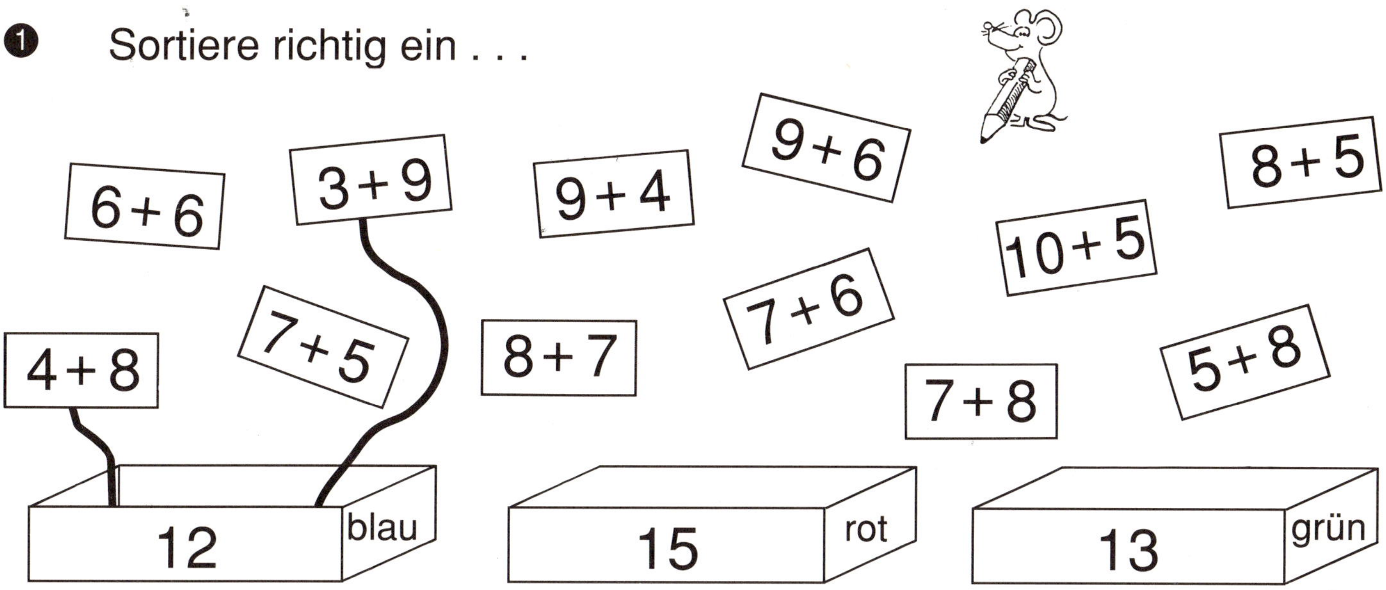

❷ Rechnen

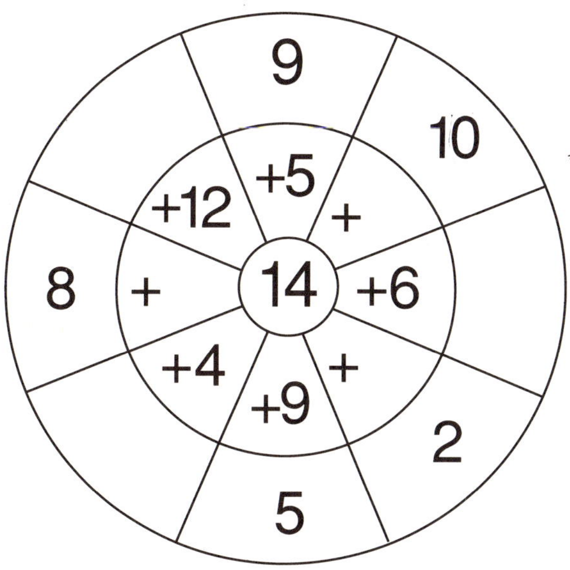

❸ . . . und tauschen

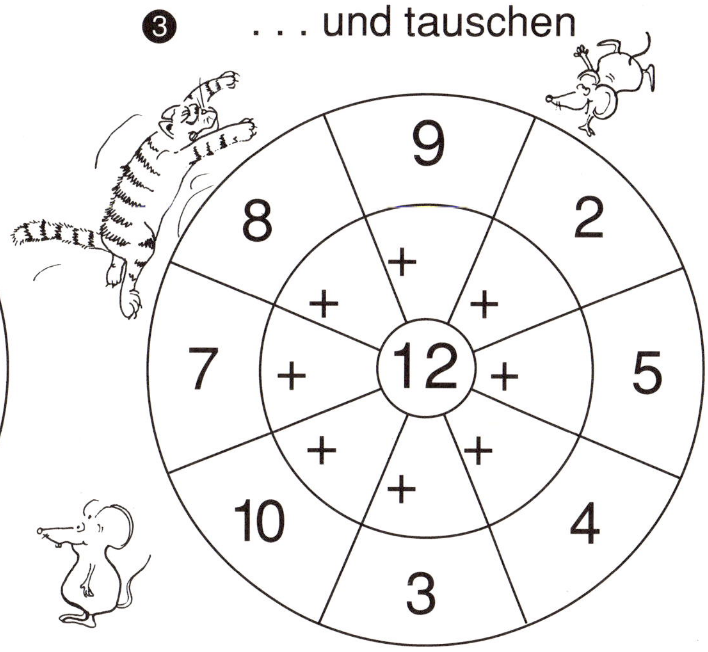

❹
8 + ☐ = 15
6 + ☐ = 12
7 + ☐ = 13
9 + ☐ = 15
7 + ☐ = 14

❺
9 + ☐ = 12
7 + ☐ = 11
8 + ☐ = 13
8 + ☐ = 14
9 + ☐ = 13

❻
6 + ☐ = 14
5 + ☐ = 11
4 + ☐ = 12
3 + ☐ = 12
5 + ☐ = 13

Mit Zehnerüberschreitung dazuzählen

❶ 12

10 + 2 = ____
9 + 3 = ____
8 + 4 = ____
7 + 5 = ____
6 + 6 = ____
5 + 7 = ____

❷

10 + 3 = ____
9 + 4 = ____
8 + 5 = ____
7 + 6 = ____
6 + 7 = ____
5 + 8 = ____

❸

10 + 4 = ____
9 + 5 = ____
8 + 6 = ____
7 + 7 = ____
6 + 8 = ____
5 + 9 = ____

❹

9 + 7 =
5 + 7 =
9 + 4 =
5 + 9 =
5 + 8 =
8 + 3 =
7 + 7 =
6 + 9 =
7 + 5 =
3 + 8 =

❺

9 + 6 =
8 + 4 =
6 + 5 =
7 + 6 =
9 + 3 =
9 + 8 =
5 + 6 =
9 + 2 =
4 + 8 =
7 + 4 =

❻

8 + 5 =
9 + 7 =
8 + 6 =
6 + 7 =
8 + 6 =
8 + 7 =
7 + 9 =
8 + 9 =
3 + 8 =
8 + 6 =

zu ❹
bis ❻

Male
für jede
Ergebniszahl
ein Zahlenfeld
bunt aus.

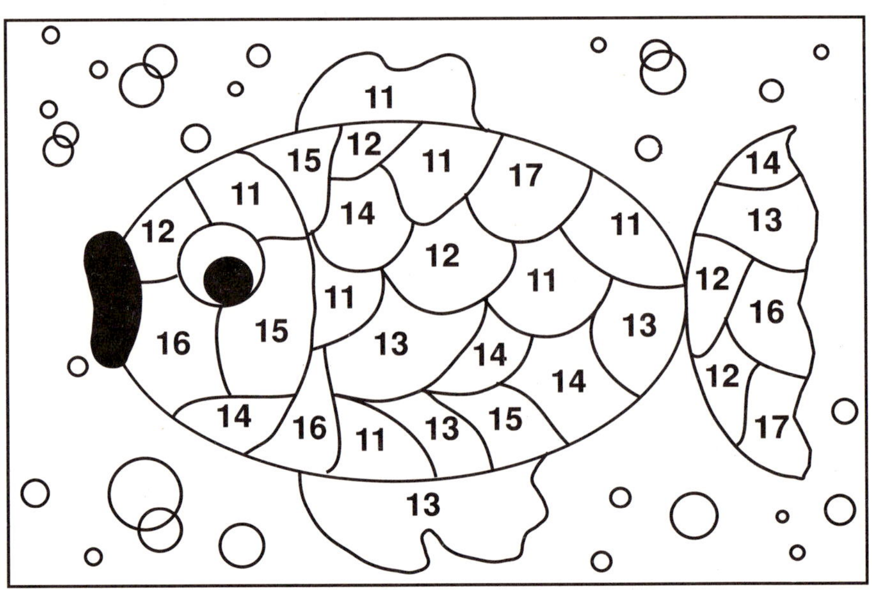

Male die Felder farbig aus.

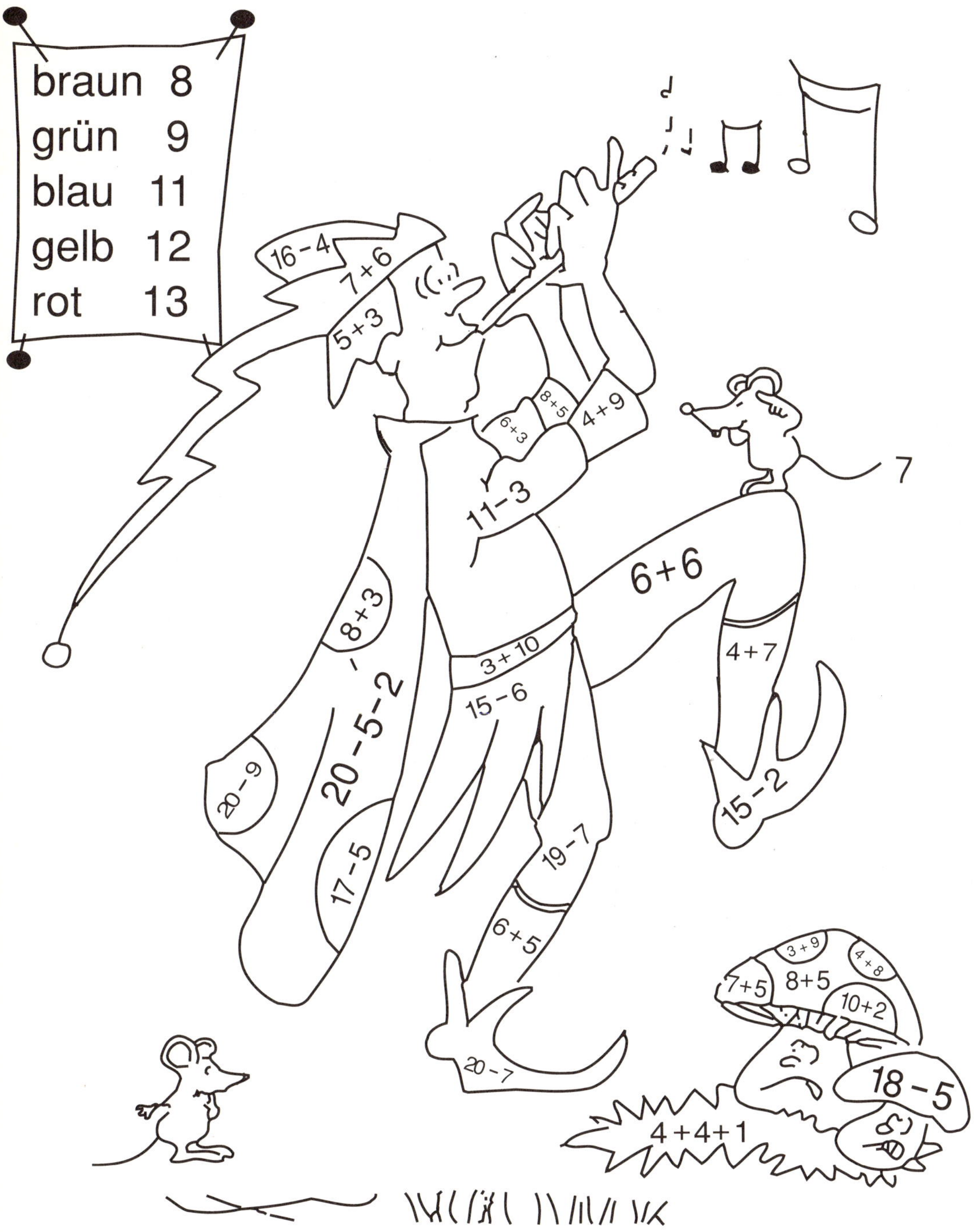

9 + 4 = ☐
12 − 4 = ☐
7 + 4 = ☐
8 + 5 = ☐
17 − 8 = ☐
15 − 2 = ☐

9 − 3 = ☐
18 − 7 = ☐
10 + 2 = ☐
15 − 7 = ☐
6 + 3 = ☐
18 − 6 = ☐

12 − 3 = ☐
7 + 5 = ☐
5 + 3 = ☐
4 + 5 = ☐
5 + 8 = ☐
20 − 9 = ☐

7 + 6 = ☐
20 − 12 = ☐
14 − 5 = ☐
14 − 2 = ☐

20 − 7 = ☐
5 + 6 = ☐
8 + 4 = ☐
20 − 10 − 2 = ☐

❶ 20 →(−5) ☐ →(−6) ☐ →(+3) ☐ →(+8) 20 →(−6) ☐ →(−8) ☐ ↓(+2) ☐ ↓(+10) ☐ ↓(+2) 20 ←(−7) ☐ ←(−6) ☐ ←(−4) ☐ ←(+8) ☐ ←(−5) ☐ ←(+4) ☐ ↑(+4) ☐ ↑(−6) ☐ ↑(+12) 20

❷	❸	❹
7 + 4 = ☐	12 − 3 = ☐	9 + 4 = ☐
6 + 6 = ☐	16 − 8 = ☐	8 + 6 = ☐
8 + 3 = ☐	20 − 9 = ☐	7 + 3 = ☐
9 + 6 = ☐	15 − 7 = ☐	6 + 8 = ☐

❺ 10: +4 (14), +7, +9, +2, +5, +3, +6, +8

❻ 20: −3 (17), −6, −5, −7, −2, −8, −4, −9

❼ 15: −5, +3, +5, +4, −6, −4, −7, −8

❽ 10 →(+3) ☐ →(+7) ☐ →(−5) ☐ →(−6) ☐ →(+5) ☐ →(−7) 7 ↓(+8) ☐ ↓(−6) ☐ ↓(+11) 20 ←(−10) ☐ ←(−7) ☐ ←(+8) ☐ ←(−4) ☐ ←(−5) ☐ ←(+12) 14 ↑(−8) ☐ ↑(+6) ☐ ↑(−2) 10

❾	❿	⓫
12 − 5 = ☐	8 + 5 = ☐	14 − 7 = ☐
15 − 6 = ☐	7 + 7 = ☐	12 − 4 = ☐
13 − 6 = ☐	9 − 4 = ☐	15 − 8 = ☐
14 − 5 = ☐	4 + 9 = ☐	13 − 4 = ☐

1

	15		
5			
2	3	0	4

2

4	3	1	3

3

2	4	1	3

4

20	12	8	6
8			
	2		

5

19	8	5	4

6

17	8	4	0

7

5	+6		−3		+8		+4	20
20	−11		+5		−7		+13	
12	−7		+8		−6		+5	
8	+8		−7		+9		+2	20
15	−7		+6		−7		+4	

8

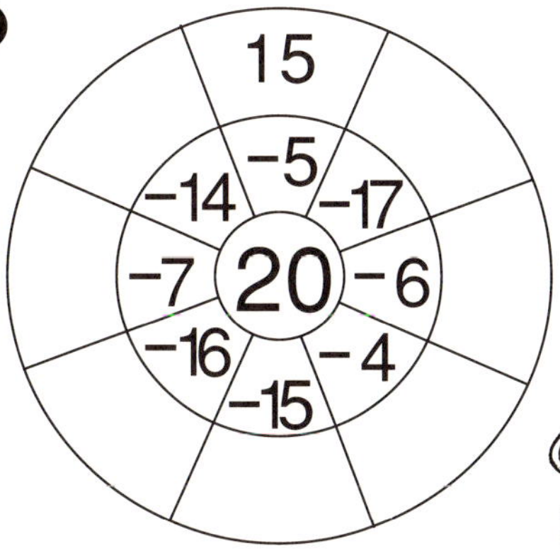

9

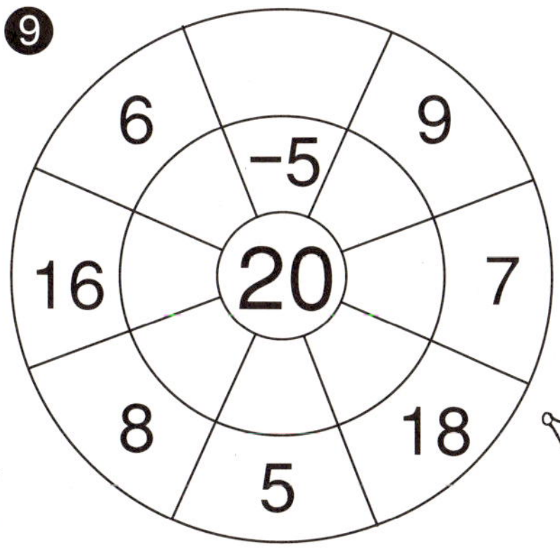

10

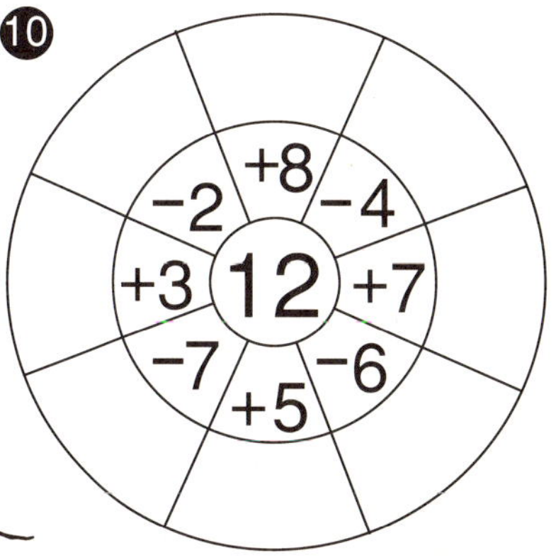

❶

+	8	10	4	7	5
5					
7					
9					
6					

❷

−	5	7	8	6	10
20					
17					
14					
11					

❸

15

10	2	3	6	1	9	6	20	1	5
5	19	7	8	5	10	2	3	17	10
3	8	4	3	7	6	2	3	6	4
9	1	10	5	7	0	8	9	2	4
5	4	4	7	1	7	7	8	10	0
1	12	0	6	9	5	5	5	3	9

rot

❹

7 + 8 | 16 − 4 | 20 − 8 | 8 + 5 | 18 − 5 | 5 + 9 | 9 + 5 | 7 + 7 | 16 + 0 | 9 + 3 | 10 + 2 | 6 + 7 | 20 − 7 | 9 + 4 | 8 + 6 | 20 − 6 | 9 + 6 | 20 − 6 | 6 + 6 | 20 − 0

12 rot | 13 blau | 14 grün

❺

5 10 6 11 … 12

❶
13 + □ = 20
15 + □ = 20
12 + □ = 20
17 + □ = 20
11 + □ = 20
10 + □ = 20

❷
8 + □ = 20
6 + □ = 20
4 + □ = 20
2 + □ = 20
0 + □ = 20
5 + □ = 20

❸
20 = 10 + □
20 = 4 + □
20 = 7 + □
20 = 5 + □
20 = 0 + □
20 = 3 + □

❹
9 + 2 = □□
8 + 5 = □□
7 + 4 = □□
6 + 5 = □□
5 + 7 = □□
9 + 4 = □□

❺
8 + 3 = □□
5 + 8 = □□
7 + 5 = □□
9 + 3 = □□
4 + 7 = □□
8 + 8 = □□

❻
8 + 9 = □□
5 + 6 = □□
6 + 6 = □□
9 + 5 = □□
3 + 8 = □□
8 + 4 = □□

❼
7 + 7 = □□
6 + 8 = □□
9 + 6 = □□
3 + 9 = □□
7 + 9 = □□
8 + 7 = □□

❽
7 + 6 = □□
4 + 8 = □□
8 + 6 = □□
5 + 9 = □□
9 + 8 = □□
2 + 9 = □□

❾
6 + 7 = □□
4 + 9 = □□
9 + 7 = □□
6 + 9 = □□
7 + 8 = □□
9 + 9 = □□

❶
20 − 6 = ☐
20 − 4 = ☐
20 − 2 = ☐
20 − 5 = ☐
20 − 0 = ☐
20 − 3 = ☐

❷
20 − 12 = ☐
20 − 15 = ☐
20 − 0 = ☐
20 − 17 = ☐
20 − 16 = ☐
20 − 13 = ☐

❸
20 − 19 = ☐
20 − 10 = ☐
20 − 14 = ☐
20 − 11 = ☐
20 − 18 = ☐
20 − 20 = ☐

❹
20 − ☐ = 13
20 − ☐ = 18
20 − ☐ = 12
20 − ☐ = 19
20 − ☐ = 15
20 − ☐ = 20

❺
20 − ☐ = 7
20 − ☐ = 3
20 − ☐ = 5
20 − ☐ = 2
20 − ☐ = 4
20 − ☐ = 1

❻
☐ − 5 = 15
☐ − 2 = 18
☐ − 7 = 13
☐ − 4 = 16
☐ − 6 = 14
☐ − 3 = 17

❼

20	18								2
2				10					
19		15						3	
1	3						15		

❶ Fasse immer zehn zusammen.

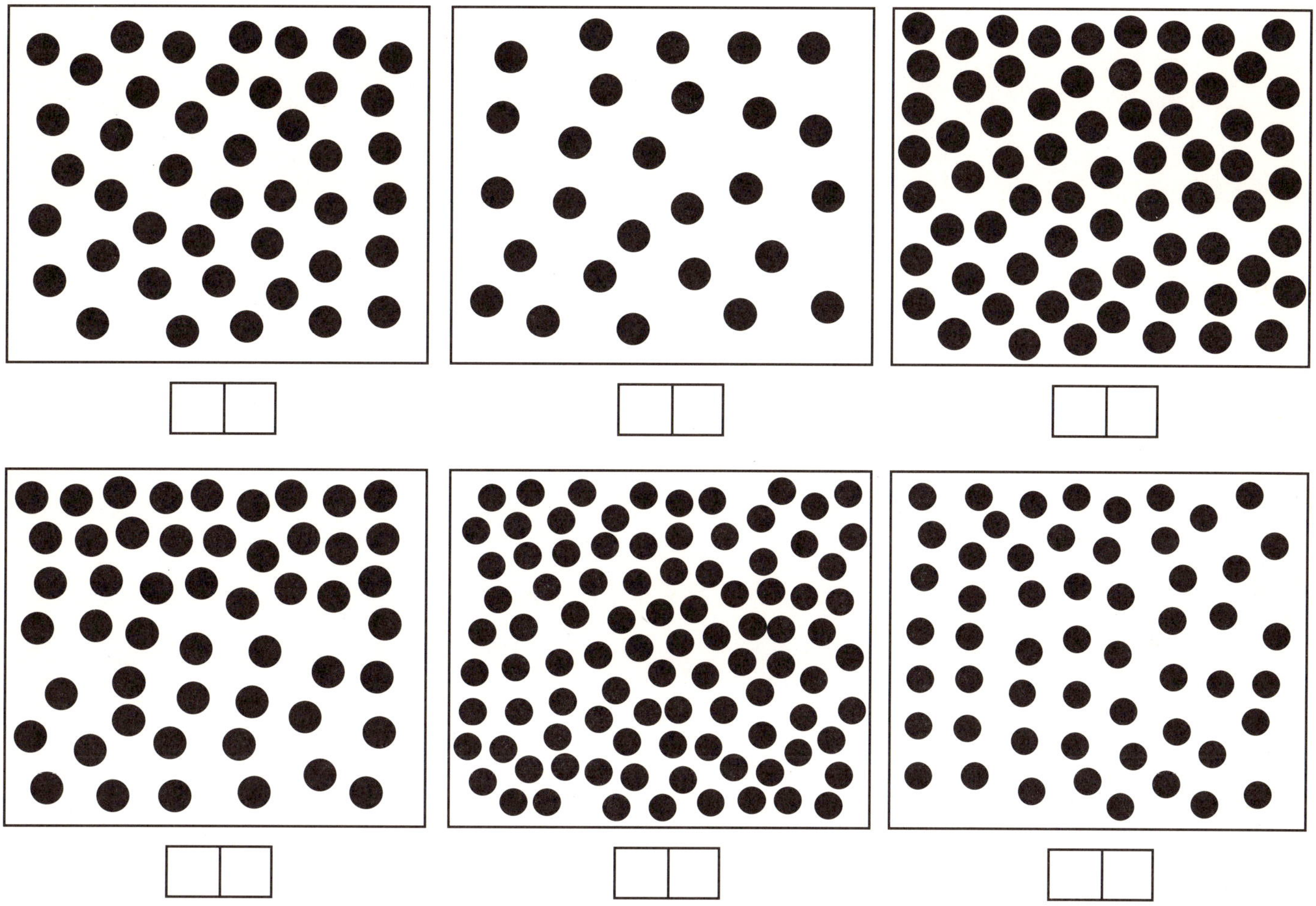

❷ Vergleiche. [>] oder [<]

40	☐	80	80	☐	30
50	☐	80	90	☐	70
100	☐	70	40	☐	60
50	☐	90	20	☐	80
60	☐	50	20	☐	30
90	☐	70	40	☐	10
30	☐	60	50	☐	70
80	☐	90	60	☐	50

❸ Verbinde der Reihe nach die Zehnerzahlen.

1

5 + 2 = ☐

50 + 20 = ☐☐

6 + 3 = ☐

60 + 30 = ☐☐

4 + 5 = ☐

40 + 50 = ☐☐

2

8 − 2 = ☐

80 − 20 = ☐☐

7 − 5 = ☐

70 − 50 = ☐☐

9 − 6 = ☐

90 − 60 = ☐☐

3

3 + 5 = ☐

30 + 50 = ☐☐

8 − 5 = ☐

80 − 50 = ☐☐

1 + 8 = ☐

10 + 80 = ☐☐

4

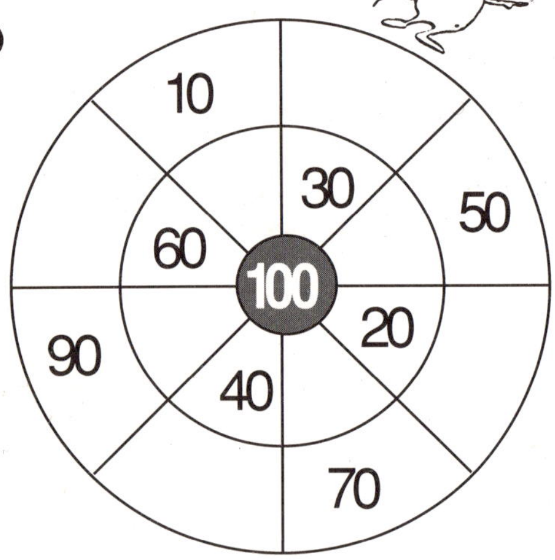

5

40 → (+30) → ☐☐ → (−10) → ☐☐

50 → (−40) → ☐☐ → (+80) → ☐☐

30 → (+60) → ☐☐ → (−50) → ☐☐

20 → (+70) → ☐☐ → (−60) → ☐☐

60 → (−50) → ☐☐ → (+70) → ☐☐

10 → (+70) → ☐☐ → (−50) → ☐☐

6

+	30	20	50	60
10				
20				
30				

7

−	30	50	20	60
80				
90				
70				

1/98765432